The Disappointment Dragon

失望魔龙

教会孩子管理失望情绪

Learning to cope with disappointment
(for all children and dragon tamers,
including those with Asperger syndrome)

［英］K.I. 阿尔–加尼（K.I. Al-Ghani）/ 文

［英］海赛姆·阿尔–加尼（Haitham Al-Ghani）/ 图

燕原 / 译

王漪虹 / 审校

华夏出版社
HUAXIA PUBLISHING HOUSE

图书在版编目（CIP）数据

失望魔龙：教会孩子管理失望情绪 / (英) K.I. 阿尔-加尼(K.I.Al-Ghani)
著；(英) 海赛姆·阿尔-加尼(Haitham Al-Ghani) 绘；燕原译. -- 北京：华
夏出版社有限公司，2021.6
（我和情绪共成长）
书名原文：The Disappointment Dragon: Learning to Cope with
Disappointment (for All Children and Dragon Tamers, Including Those with
Asperger Syndrome)
ISBN 978-7-5222-0110-8

I. ①失… II. ①K… ②海… ③燕… III. ①情绪－自我控制－儿童教育－
家庭教育 IV. ①B842.6②G782

中国版本图书馆 CIP 数据核字(2021)第 016097 号

失望魔龙：教会孩子管理失望情绪

作　　者	［英］K.I. 阿尔-加尼
绘　　者	［英］海赛姆·阿尔-加尼
译　　者	燕　原
责任编辑	薛永洁　李傲男
出版发行	华夏出版社有限公司
经　　销	新华书店
印　　刷	三河市万龙印装有限公司
装　　订	三河市万龙印装有限公司
版　　次	2021 年 6 月北京第 1 版 2021 年 6 月北京第 1 次印刷
开　　本	889×1194　1/16 开
印　　张	4
字　　数	17 千字
定　　价	48.00 元

华夏出版社有限公司
地址：北京市东直门外香河园北里 4 号　　邮编：100028
网址：www.hxph.com.cn　　电话 （010）64663331（转）
若发现本版图书有印装质量问题，请与我社营销中心联系调换。

谨以此书献给一直支持和鼓励我们的艾哈迈德和萨拉·阿尔－加尼

同时献给我的母亲伊丽莎白

她是海赛姆最忠实的粉丝

目 录

前 言

　　如果事情的结果不是我们想要的或预计的，我们就会感觉失望。生活并不总是尽如人意，但很多家长还是希望尽量保护孩子，让他们远离生活挫折，好像让他们失落是我们的错。我们内心希望孩子拥有一个无忧无虑的童年，经历成功的体验，保持快乐的憧憬，但努力营造一个快乐王国、让孩子避免产生失望和失败情绪，其实是在无意中帮了倒忙。我们应当克服自己过度保护的欲望，大胆地让他们去体验真实生活，同时在一旁给予指导，帮助他们克服困难，教会他们如何处理失望情绪。

　　普通儿童天生拥有模仿能力，他们在生活中会观察成年人在面对困难时的处理方式，用来指导自己如何处理失望情绪、挫折感和失败感。如果你看过在机场录制的偷拍电视节目，你会看到那些刚误了飞机的人的各种失望反应。节目组通常会播放一些出现很差反应的案例，一些人会对航空公司的地勤人员大发脾气、骂骂咧咧，还有人在放声大哭。

　　如果希望帮助孩子成长，勇敢面对真实生活，我们自己首先就要在面对困境时表现坚强，展示出能够接受失败结果的勇气，并且有信心往前走，而不是听任恐惧和气愤操纵我们的行为。我们必须在真实生活的困境和失望经历中，给孩子树立好榜样，让他们看到，困境不是绝境，而是永远存在希望。当孩子遭遇困难，向我们寻求帮助和安慰的时候，我们要隐藏好自己的焦虑，展现出接受事实的平静心态，给予他们一个现实而积极的处理机会。

对于阿斯伯格综合征儿童来说，这样做的意义更为重大，他们在成长中需要更多关注和帮助。如果阿斯伯格综合征儿童在计划没有实现或者希望破灭的时候并没有责备他人，我们更要关注他们的真实想法到底是什么。他们黑白分明的思维方式有时候不合常理，很难猜测。他们有时也很难理解其他人对事件结果的预计，特别是当导致失望结果的原因是他们无法理解，而且不知道后续如何处理的时候，更容易产生严重的负面想法。我们还应当理解，阿斯伯格综合征儿童的情感成熟度比普通儿童要晚到两三年。很多儿童，特别是阿斯伯格综合征儿童，对待失望结果的反应没有中间缓冲阶段，马上进入极端情绪，引发尖叫、大哭、大发脾气、打人、生闷气等行为。

我们知道大脑和心智会随着生活经验而改变，人类的这种可塑性使我们能够从生活中不断学习和提高，什么时候开始改变自己都不会太晚。所有儿童都需要学习如何区分严重事件和微小事件，我们并不想低估他们失望情绪的程度，但我们可以教会他们对失望结果的严重和微弱程度进行评估，比如这个问题到底有多严重，是否可以弥补或替换，是否可以延期处理或干脆取消，是否真的会影响我们的生活等。在评估中，我们需要认真倾听孩子们的需要，在他们合理愿望的基础上帮助他们找到解决问题的答案。不过，最终他们需要学会在面对困难的时候，自己选择正确的策略来应对。终有一天，他们都会成为驯龙高手，靠自己的力量战胜失望魔龙。另外，在给孩子们展示希望和计划的时候，我们必须遵循现实原则，基于合理的预测，不要为了安慰孩子把未来描画得太过美好和虚幻。我们还应当教孩子们使用一些简单的策略，去帮助同学和朋友们从无谓的尴尬和苦恼中解脱出来。

有研究表明，没有希望的生活不会带给人们生存的欲望，希望是人生非常重要的推动力。希望能够缓解负面情感，让我们看到生活中积极的一面。希望的反义词是失望，一个非常黑暗而阴郁的地方，是失望魔龙想带人去的地方。我们负有帮助孩子们战胜失望魔龙、找到希望之龙的责任。教会儿童去选择希望之龙而不是失望魔龙，这是完全有可能的。这些年来，我一直辅导普通儿童和特殊儿童，看着孩子们通过有计划地学习，慢慢开始成熟地管理失望情绪，我为他们感到非常骄傲！

我希望这本书能够帮助家长和教师面对儿童经常遇到的挫折困境，并照亮通往解决之路的方向，同时希望下面三则关于失望魔龙和希望之龙的小故事，能为家长和教师如何同孩子讨论怎么处理失望情绪打开一扇门。

在本书结尾，你会找到更多处理失望情绪的建议和策略，学着利用它们，在生活中多多练习。我希望每个适龄儿童都能学会怎么战胜失望魔龙，把这一负面情绪成功转为希望之龙。

提醒： 当孩子在经历一般性失望事件后，抑郁情绪长期无法消除时，应加以特别关注。这种情况可能会导致严重的心理健康问题，要及时请专业医师介入。

失望魔龙

是什么？

你有没有听说过失望魔龙的故事？

所有人都知道它，但谁都不喜欢它。

它住在很远很远的地方，

但每次在我们希望破灭、美梦幻灭的时候，失望魔龙不知怎么就会马上出现在我们面前。

它会劝说我们和它一起飞回失望山谷，那里是它的家。

它告诉我们想在那里待多久都行，它喜欢我们一直陪着它。

但我们不知道的是，它需要我们的失望心情作飞行动力。

如果我们答应了它，它的能量就被加满了，还会带着我们一直飞到更远的悲伤山谷和悔恨山谷去。

"生活真是太不公平了！"

你肯定听过这句话，而且我打赌你以后还会经常听到。

生活中的确有很多不公平。

我们想要得到的东西经常得不到，哪怕是我们感觉应得的。

所以，每个人都有机会见到失望魔龙。

所以，每个人都需要学习怎么做驯龙高手。

如果让失望魔龙控制了我们的情绪，它就会让我们伤心很久很久。

失望魔龙最喜欢来找小孩子了，因为它知道小孩子通常还没有开始学习驯龙术。

不会驯龙的孩子，一旦遇到失望魔龙，就会开始尖叫、发怒、跺脚。

失望魔龙在一边可兴奋了，能量迅速爆满，有时候还会激动得喷出火来，就像我们在动画片里常看到的那样。

这时候如果有大人来帮忙，失望魔龙就要倒霉了。

因为大人会紧紧抱着孩子，在摇椅上晃着安慰他们，哼着轻柔的歌曲，抚摸着他们的后背。不用多久，这个孩子就会离开失望魔龙和失望山谷，飞到快乐山谷去，那里阳光明媚，四季温暖如春，住着希望之龙。

要知道，失望魔龙是打不过希望之龙的，所以它只好放弃，去寻找下一个目标。

有一天大人会说，孩子你可以开始学习驯龙术了。

那就说明你长大了，可以学习怎么依靠自己的力量来战胜失望魔龙了。

长成大孩子后，发脾气会是一件很没面子的事哦。

如果驯服不了失望魔龙，它会让我们在陌生人、老师、同学、朋友和亲戚面前出洋相呢。

这本书就是我们的驯龙秘籍，它会教你怎么降服失望魔龙，找到通往快乐山谷的路。

下面，我们就来看看丘吉尔小学三年级一班的孩子们和失望魔龙的三次较量。

失望魔龙和
球队选拔

这个男孩叫波比，是丘吉尔小学三年级一班的学生。

他这个月迷上了足球，每天都认真地练个不停。
爷爷发现波比对其他课外活动都没兴趣了，不由得要问他为什么。

"学校足球队要选人了。我想进校队，爷爷。"波比激动地说。
"这是好事儿啊，波比。"爷爷说，"不过你才三年级，是不是年龄还不够大呢？"
"也许吧。"波比说，"不过我技术很好啊，他们肯定会选我的。"

爷爷想了想，说："孩子，有些事情不是我们想要就会发生的。我希望你能有个心理准备，如果他们这次没有选上你，怎么办？波比，我来给你讲个故事吧。我在你这个年纪的时候，就没被选进足球队，当时我太失望了，结果做出了让人很尴尬的事情。"

"当时我的想法和你一模一样，"爷爷接着说，"我想我肯定会被选上的。但名单读完了都没有我的名字，我一下就气急了，冲到教练面前，朝他大喊大叫。教练和其他孩子都惊呆了，可他们没有一个人同情我，有些人反而开始嘲笑我是个长不大的娃娃。结果我就更生气了，一脚踢翻了一瓶饮料，甚至还想去踢其中一个嘲笑我的孩子。谁知道我的大麻烦来了，失望魔龙突然出现在我面前，一下子就把我运到了失望山谷。"

　　波比瞪大了眼睛。

　　"然后发生了什么，爷爷？"他好奇地问。

"我爸爸听说我被失望魔龙带走之后非常着急。他说是时候教我怎么驯龙了，我不是小孩子了，哭也没有用。他要我先擦干眼泪，跟他一起学'不让自己碎掉'这一招。"

"啊？"波比转动着眼睛，"别人也会这么和我说，可是每次听到这话，我就更生气，哭得更厉害了。"

爷爷朝波比挤了挤眼睛，接着说："你知道吗，我一听到'不让自己碎掉'也吓坏了，根本没意识到这是个比喻，我还以为不马上开始练习这招，身体真的会碎掉呢！所以我赶紧坐下来照着做，双臂在胸前交叉抱紧身体，慢慢从一数到十，然后深呼吸，再慢慢吐气。这个办法还真灵，以后每次我感觉失望的时候都会这么做一遍，做完后情绪就会好起来了，而且肯定不会再跳起来去打人和踢人了。你知道吗，自从我学会这招，失望魔龙就再也没能靠近我，也不可能再带我去失望山谷了。"

波比感觉驯龙术很神奇，他还从来不知道对付失望魔龙有驯龙术呢。

爷爷说，他的爸爸说过，这些都是希望之龙很久以前教会人们的神奇招数。

"那么爷爷，驯龙术里还有什么其他神奇的招数呢？"波比热切地问。

"当然还有啊。如果我比赛输了或者没被选中上场，我爸爸教我要模仿那些胜利者的行为。我忍着伤心、失望去观察胜利者怎么做，发现他们都拥在一起高兴地相互拍打、庆祝，我也试着站起来加入他们。然后我发现大家对我都很友好，我很快就被他们的快乐情绪感染了，不知不觉地也就不伤心了。"爷爷耐心地解释道。

后面几天，爷爷和波比接着练习驯龙术的其他招数。他们画了一张刻度表，从一到十标上刻度，分析波比有多大可能性被球队选中。波比想明白了，因为他年龄还小，今年被选中的可能性不会高，肯定不会超过刻度表上的三。

球队选拔的结果终于公布了，波比果然没被选上，他还是有些伤心，不过他记得要使用爷爷教的驯龙术。他坐在长凳上，深吸一口气，抱紧自己保证不要碎掉，然后站起来加入大家，去祝贺那些被选中的孩子。

　　教练注意到了波比的行为，在其他人离开后，单独对他说："波比，你做得很棒，我很欣赏你面对失望的反应。在下次选拔名单上，我会把你排在第一位。"

　　教练还告诉了波比妈妈波比的成熟表现，妈妈也为波比感到非常骄傲。爷爷则笑得都合不拢嘴了，摆出"不让自己碎掉"的姿势，冲波比投去会意的眼神。

　　第二年，波比果然如愿进入了足球队，这真是让人开心的一个故事呀！
　　你一定看到希望之龙也来向波比祝贺了，因为他现在是驯龙高手了。

失望魔龙和

出水痘

丘吉尔小学二年级一班的孩子们这一周都非常兴奋，因为周五老师要带他们去参观海洋馆。

不过周四晚上，露辛达感觉很不舒服，她浑身发热发痒。在临睡觉的时候，妈妈发现她身上开始出疹子，原来露辛达出水痘了！

很明显，露辛达不能参加明天的活动了，虽然她求着妈妈同意让她去，可是妈妈告诉她，出水痘的孩子必须要在家隔离一个星期，以免传染给学校里的其他孩子。

露辛达非常失望，哭着睡着了。

第二天一早，露辛达和失望魔龙一起待在失望山谷里不想出来。当妈妈把早饭送上来的时候，她把头蒙在被子里，不想见任何人。

妈妈隔着被子说："露露，我知道参加不了活动让你非常失望，不过姥姥刚才打电话说，等你病一好，她就会带你去一次。"

"我才不要和姥姥一起去。"露辛达在被子里哭喊着，声音不像是原来那个通情达理的小姑娘了。

妈妈放下早饭，换了一个话题："你知道吗，我小时候每次生病卧床，姥姥都会送我一个百宝箱，里面还有神奇的驯龙秘籍呢。让我想想那个百宝箱放在哪儿了，我去找找看。不过你要保证我回来的时候，你会感觉好一点。"

妈妈一出门，露辛达就从被子里钻了出来，她伤心了那么久，还真是饿坏了，但她脑袋里一直想的还是自己不能参加活动这件事。班里的同学们上车了吧，这个念头让她感觉更伤心了，一旁的失望魔龙自然非常高兴。

不过，有另一个声音在她耳边提醒说："妈妈要给你带来一个百宝箱呢。"露辛达不知道这是妈妈刚才召唤出来的希望之龙来帮助自己了。想到百宝箱，露辛达果然感觉好了很多，开始慢慢离开失望山谷，寻找去希望山谷的路。

失望魔龙最不喜欢看到希望之龙把到手的孩子带走，但希望山谷那边太明亮、太温暖了，耀眼的希望之光会刺痛它的眼睛，它只好悻悻然地越躲越远。

当妈妈回来的时候，露辛达的心情好多了，一边吃着早餐，一边在琢磨百宝箱里到底有什么神奇的宝贝。

百宝箱是一个用彩色包装纸装饰的旧帽子盒。

妈妈说，她的妈妈说过，这是希望之龙给她们的秘密武器，平时如果看到有趣的东西，大家就用最喜欢的包装纸包好放进百宝箱，当某个孩子生病了，失望魔龙出现在身边时，就可以拿出来发挥它的神秘功能呢。

露辛达好奇极了，已经等不及，马上要把所有包装都打开来看。她小心翼翼地掀开盖子，看到里面亮晶晶的，不知道藏了多少神奇的宝贝。

这时候，失望魔龙知道这一仗已经彻头彻尾输给了希望之龙，今天得不到任何飞行能量，没法像昨天一样把露辛达带回失望山谷了。

打开百宝箱，露辛达像探险家一样寻找着去往希望山谷的路。她发现了一面小镜子和一管小口红；一个袖珍笔记本带着一只精致的小圆珠笔；一个万花筒，转动起来能变换出不同的漂亮图案；还有一个洋娃娃，有好几身衣服可以换着穿；一只可爱的迷你泰迪熊；一些光滑的小石头，像宝石那样明亮；一本关于动物小宝宝的童话书。还有好多好多，几乎都数不清的有趣东西，每样都带来一阵惊喜。

　　整个上午，露辛达都没顾上去想同学们。时间过得飞快，转眼就到了吃午饭、睡午觉的时间。尽管露辛达还对没能去参加活动感到遗憾，不过藏有驯龙秘籍的百宝箱已经成功地帮助她忘记了悲伤。

　　露辛达病好了之后，妈妈把百宝箱又收起来了。

　　不过露辛达已经知道了百宝箱的秘密，她会经常和她的洋娃娃们一起玩自己的百宝箱游戏。她装饰了一个旧的鞋盒子，看到有趣的东西就包好放进去。

　　一周后，露辛达回到了学校，班主任罗伯森老师送给她一份礼物——来自海洋馆的蓝鲸钥匙链。我想你肯定能猜得出新的驯龙高手露辛达会把这份礼物放到什么地方了，对吗？

失望魔龙和

再见班主任

转眼三年级就要结束了，一天早上，丘吉尔小学三年级一班的同学们一进教室就看到了奇怪的一幕。他们的班主任罗伯森老师坐在讲桌后，头上套着一个方方的纸盒子，纸盒子前面挖出一个窗口，下边画上按键，就像电视机一样。

讲桌上放着提示牌：

请大家坐好，安静等待重要新闻播报。

孩子们笑着坐在自己的位置上，食指竖在嘴上提醒周围同学谁也不准说话，一只只眼睛露出好奇的目光。

孩子们都特别喜爱罗伯森老师，因为她总能让每一天都过得非常有意思。
就像她办公室门上贴的标牌：

坏脾气是生命中唯一的缺陷，请不要带进我的房间，谢谢！

孩子们都安静下来之后，罗伯森老师指了指点名册，今天该露辛达值日。她坐到助理老师的高背椅上，先点名，然后让需要在学校吃晚饭的同学举起手，记下人数。

这项工作做完后，露辛达做了个手势，表示大家可以开始背诵乘法口诀了，然后她出门去办公室送记录表，当她回来的时候，大家正好背完一遍。

当露辛达回到座位时，罗伯森老师按了一下纸电视盒子上的按键，开始播报重要新闻：

同学们，早上好！今天我有重大新闻播报。丘吉尔小学的罗伯森老师要和布朗先生结婚了，婚礼定了2014年7月20日，在当地教堂举办，欢迎大家参加。

所有孩子都鼓掌欢呼起来。

罗伯森老师耐心等孩子们重新安静，接着播报新闻：

婚礼结束后不久，布朗先生和太太将要搬家到新西兰，开始新的生活。

教室里突然一片安静，孩子们张大了嘴巴，愣了半天才反应过来老师要去一个陌生的国家了，而且很远很远。在令人奇怪的安静气氛中，露辛达突然哭了起来。

罗伯森老师很惊讶，她以为孩子们会为自己高兴。她慢慢摘下了纸盒子，走过去搂住露辛达，和孩子们解释说她会一直待到学期结束，不会影响上课。

孩子们仿佛还是不能接受，他们都希望永远和罗伯森老师在一起。

吃午饭的时候，一个男生尼格尔突然说："我最近在学习驯龙术，我想我看到失望魔龙了，这样可不行，我们不能显得失望伤心，那样罗伯森老师也会伤心的。我们都希望罗伯森老师结婚快乐，对不对？那我们应当做一些让罗伯森老师高兴的事情。"

孩子们都同意这个建议，马上聚在一起开始讨论怎么给罗伯森老师一个惊喜，这让他们慢慢忘记了失望情绪，一直在教室里徘徊的失望魔龙没人理睬了。孩子们最后决定每人写一封信给罗伯森老师，描述自己最难忘的一堂课。

露辛达特别喜欢关于旅行的那节课，因为他们每个人都做了一份护照，并表演如何乘着飞机周游世界。

波比最喜欢的一课是巨人的故事，他们画了一张和真的巨人那么大的画，然后轮流用弹弓向巨人投射小西红柿和棉花糖。

孩子们七嘴八舌，越聊越兴奋。

学期最后一天，孩子们都写好了自己的信，装在一个精美的册子里送给老师，罗伯森老师收到礼物后高兴极了！

"孩子们，你们知道吗，这是我至今收到的最好的礼物。以后每次看到这些信，我都会想到可爱的你们，每一个人！"罗伯森老师忍着激动的泪水。

孩子们把信的复印件交给了教导主任，教导主任说会在校刊上发表，表达对罗伯森老师的祝福。

丘古尔小学三年级一班的孩子们在这一年都学会了怎么选择希望之龙，在漫长的暑假中，他们还会不断练习，争取成为最棒的驯龙高手。他们也盼望着秋季新学期的到来，和新班主任一起开始又一段难忘的学习生活。

驯龙术

孩子们用不同的方式表达失望情绪，大多数孩子会表现出噘嘴、大声叫喊、打人、破坏物品等行为。

对于有些孩子，失望情绪会很快变成愤怒，他们的行为会表现得更加激烈。有些孩子性格内敛，失望情绪会表现为生闷气、哭泣，或者抱怨等行为。在学习如何管理失望情绪的过程中，孩子们首先要学习怎么控制自己的行为。

下面就是一些帮助孩子驱逐失望魔龙的招数：

"获得地心引力"和"不让自己碎掉"

🐾 为了防止产生暴力行为，可以要求孩子马上坐下来，这样会缩小行动范围，避免出现踢人或打人的动作。我们可以把这一招称为"获得地心引力"。然后，要求他们双臂在胸前交叉抱住身体，从一数到十，深呼吸，然后慢慢吐气。我们可以把这一招称为"不让自己碎掉"。

🐾 对于某些阿斯伯格综合征孩子来说，如果他们不喜欢抱紧手臂的动作，可以改成把手坐在身体下面或者把手放进口袋里，让他们一边数数一边用力向下推，保持安静的坐姿。

"吸力大法"

🐾 为了防止孩子大喊大叫、骂人，或者说出今后让自己后悔的话，可以学习"吸力大法"。让他们想象自己正在用吸管吸入黏稠的奶昔，一边用力吸一边从一到十默数，然后慢慢呼气。为了有真实体验感，可以在大家情绪平稳的时候，用吸管和饮料进行实际练习，或者用嘴噘着一个小橘子看谁不掉下来（注意水果的尺寸不能太小，以免呛入气管）。还可以用吹泡泡和吹羽毛等活动，让孩子练习如何慢慢呼气。

🐾 如果孩子还是忍不住要通过叫喊来发泄情绪，可以让他们把骂人的话换成更可以被接受的语言。

散步去

🐾 如果条件允许，可以让孩子通过散步化解负面情绪。在学校，老师可以要求孩子到走廊里走 100 步，然后走回教室，或者绕着游乐场跑几圈。

🐾 对一些阿斯伯格综合征孩子来说，他们也许需要独处的环境来缓解情绪，可以事先发给他们"独处"卡，找好独处位置，练习如何使用。这样当他们在集体活动中感觉失望和生气，需要独处时，就可以使用"独处"卡。

🐾 更小年龄的孩子，可以由老师带领在教室里绕圈活动，一边数到 100，一边大幅度挥动手臂，还可以一边走一边唱儿歌。

编写儿歌

🐾 我们可以列举生活中容易产生失望情绪的例子，编成节奏欢快的儿歌，比如：

我输了比赛

我不能抱怨

我摇！我摇！我摇！

我误了校车

我不能计较

我摇！我摇！我摇！

我烤焦了蛋糕

天知道怎么会这样

我摇！我摇！我摇！

我考砸了测验

我不会一直都这么糊涂

我摇！我摇！我摇！

分散注意力

🐾 制作一本快乐剪报，让孩子们自己选择让他们发笑的内容，收集到一起。

🐾 安装水族箱。很多学校和家庭都有水族箱，对一些孩子来说这是安慰情绪的有效工具。

🐾 听自己喜欢的音乐，可以是激昂的或者轻柔的，跟着一起唱或一起跳。

🐾 准备一个百宝箱，收集有趣或怀旧的物品。

🐾 培养孩子在某一方面的兴趣爱好，比如，邮票、乐高积木、硬币、十字绣、编织、陶艺、乐器等。

让自己更舒服

🐾 洗一个温暖的泡泡浴，常常能够化解任何烦恼。

🐾 裹在香香暖暖的被子里看书。

🐾 要求亲人给一个拥抱。

🐾 喝一杯清爽的饮料。

🐾 坐在摇椅或秋千上摇晃。

提醒： 高热量的零食往往也会给人带来安慰舒适的感觉，但很容易摄入过多热量。也许吃巧克力和奶酪蛋糕对某些孩子来说是最有效的安慰手段，但我们不应当鼓励孩子们用甜食来化解负面情绪。

大笑一场

🐾 情绪不佳的时候，看有趣的漫画书或者搞笑的动画片。

🐾 收集一些有趣的图片或笑话放在盒子里，情绪低落的时候拿出来看。

🐾 在网上看幽默喜剧，比如《憨豆先生》。

🐾 试着在刚刚发生的问题中找出有趣的一面。

和龙族对话

🐾 鼓励孩子认识和表达他们的情感，我们可以练习"和龙族对话"：

"好吧，魔龙，我知道我现在被你带到了失望山谷，不过我不会待很久的。"

"我感觉非常生气，不过我不会跟你走，魔龙。我应当坐在这里安静地想想下面该做什么。"

"魔龙，你别想把我留在这个山谷，我有能力战胜你。"

"喂，希望迅龙，快来帮我逃跑吧！"

🐾 我们也可以把对话写成儿歌：

我很失望
不过我才不和你玩儿呢
失望魔龙，你走吧！走吧！走吧！

我感觉不好
不过我不会一直这样
我不要去失望山谷，不要！不要！不要！

开动脑筋，你能想到更多驱逐失望魔龙的招数

🐾 画画

🐾 玩拼图

🐾 烘焙蛋糕和饼干

🐾 写信或者写故事

🐾 做一个飞机模型

🐾 制作干花

🐾 做铜板拓印

🐾 帮家人做晚饭

🐾 搭起自己的小帐篷

🐾 打扮自己

🐾 到门口平价店去淘宝

🐾 种花或者种菜

提醒：让孩子玩电子游戏来调整情绪，这种方式要慎用，因为并不一定总能如愿，特别是有胜负压力的游戏，输了可能会让孩子更失望。

培养预见性

和孩子预测将要发生的事件结果：在纸上画出刻度尺，标注从一到十的刻度，列出不同结果所带来的失望情绪值，标注在相应的刻度旁。

和孩子们讨论怎么用成熟的态度去面对问题。比如，我们家不允许养狗，但我们可以有其他选择，比如养仓鼠、热带鱼，或者乌龟。

真正的成功不是一切都能按照你的想法进行，而是你需要随时调整方案。

时刻准备着

随时分析各种事件可能的结果：制作一个刻度表，标出从不可能到非常可能的刻度，然后列举一些事件发生的可能性，比如：

- 赢乐透大奖
- 在月球上漫步
- 明天早上看日出
- 在历史课上得高分
- 被足球队选中
- 下次比赛能进球
- 换一个新手机
- 周末到好朋友家过夜
- 养一只小狗

写给家长和教师的结束语

在帮助儿童处理失望情绪的过程中，要多倾听，不要马上提出解决问题的方案。

给他们充裕的时间去度过悲伤，不要期待他们很快恢复情绪。告诉孩子你随时都在他们身边，非常愿意给他们一个安慰的拥抱。如果他们想自己安静地哭一会，帮助他们找一个舒适的环境，让他们可以安全地发泄情绪，并且安静地思考问题。哭泣带来的激素能够让人感觉平静。

永远展示出支持孩子的态度，不要产生或流露出任何负面情绪。

管理失望情绪的策略需要大量练习，在孩子情绪平稳的时候，和孩子一起多温习上面所列的各种策略，一起开拓思路。针对不同场景，设计相应对策。通过大量练习，孩子最后能够以平静的心态使用招数。

在生活中，成年人可以转换角色，告诉孩子自己感觉很失望，请他们给予建议和帮助。

每次孩子成功地控制了失望情绪后，我们都要及时夸奖和鼓励，表示为他们的进步感到非常骄傲。这样，我们就能培养出身心健康的孩子。面对今后生活中的种种困难和压力，他们早有准备，积累了足够的经验，知道自己有能力选择希望之龙，而不是失望魔龙。

作者简介

K.I. 阿尔－加尼，从事教育工作35年，是一名特殊教育咨询师、全纳教育顾问、孤独症领域的培训师。她目前是全纳教育的专业教师，致力于提供全纳教育服务以及为孤独症谱系障碍领域的专业人士、学生和父母提供培训。作为国际知名作家，她有一个孤独症谱系障碍的儿子，在过去的25年里一直致力于解开孤独症之谜。

海赛姆·阿尔－加尼，一名孤独症谱系障碍人士，K.I. 阿尔－加尼的儿子，完成了黑斯廷斯学院和肯特学院的全日制教育，在艺术作品研究方面成绩卓越，获得了2007年文森特·拉恩斯最佳创意奖（Vincent Lines Award for Creative Excellence）。海赛姆是一名作家、卡通动画家以及童书的插图画家。

相关作品

《红皮小怪：教会孩子管理愤怒情绪》

文：（英）K.I. 阿尔－加尼

图：（英）海赛姆·阿尔－加尼

译：鲁志坚

《恐慌巨龙：教会孩子管理焦虑情绪》

文：（英）K.I. 阿尔－加尼

图：（英）海赛姆·阿尔－加尼

译：何正平

《阿斯伯格综合征完全指南》

著：（英）托尼·阿特伍德

译：燕原 冯斌

《社交潜规则：以孤独症视角解析社交奥秘》

著：（美）天宝·格兰丁 肖恩·巴伦

编辑整理：（美）韦罗妮卡·齐斯克

译：刘昊 付传彩 张凤

《用图像思考：与孤独症共生》

著：（美）天宝·格兰丁

译：范玮

《我心看世界：天宝解析孤独症谱系障碍》

著：（美）天宝·格兰丁

译：燕原